从小爱科学——物理真奇妙（全6册）

小凹和小凸

[韩]蓝　心　著
[韩]金宝美　绘
千太阳　译

石油工業出版社

“陛下，大事不好了！巨人国士兵正在打算进攻我们！”

士兵的话一下子令矮人国的人们陷入了恐慌。

矮人国的国王也担忧不已。

第二天，一对兄弟来到矮人国的宫殿里。

这对兄弟的长相很相似，但体型却截然相反。

“我们是小凹和小凸。我们不费一兵一卒就可以击退巨人国的士兵。”

小凹和小凸自信满满地说。

“是吗？可是你们打算如何击退他们呢？”

小凹掏出一面镜子递给国王。

“这不是镜子吗？”

“是的，您说得没错。这就是镜子。”

“我从镜中看到了我自己的脸。不过，仅凭区区一面镜子如何能击退巨人国的士兵呢？”

“您可能理解错了。不过，在这之前，我先展示一下自己的能力。”

小凹笑眯眯地说。

我们如今使用的镜子通常是将一种不透明的物质涂抹在玻璃的一面制作而成。如果遇到玻璃等物体，光线会直接穿透而过。然而，进入镜子中的光线在穿透玻璃后会遇到不透明的物质，然后反射出来。因此，镜子前的物体或人就会在镜中留下影像。

国王与小凹、小凸一同来到关押着巨人国士兵的牢房里。

这时，小凹做了一个空翻，挂在了窗户上。

“国王陛下，您可以通过我，观察牢房里的情形。”

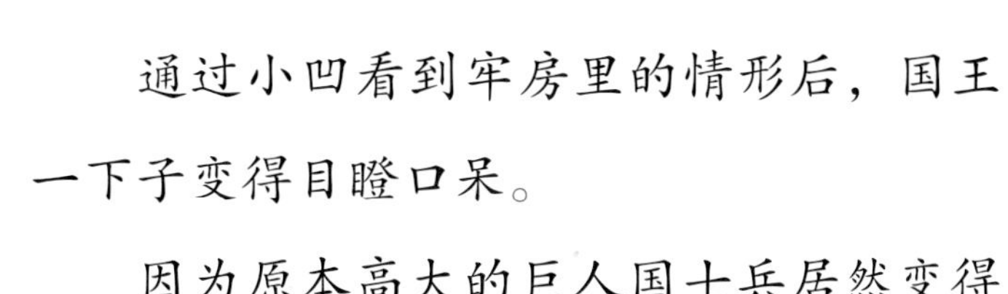

通过小凹看到牢房里的情形后，国王一下子变得目瞪口呆。

因为原本高大的巨人国士兵居然变得非常矮小。

“小凹，这究竟是怎么回事？巨人国的士兵何时变得如此矮小？”

“其实，您没必要太过惊讶。因为这只是通过我看到的影像而已。”

小凹挂在窗户上回答道。

“你说的是什么意思？”

“通过我看到的物体会比实际小很多。”

“如果让我们的士兵看到这一幕，应该不会再害怕巨人国的士兵了。不过，只凭这些真的能击退巨人国的士兵吗？”

国王狐疑地问道。

小凹和小凸自信满满地回答道：“怎么会？我们还有其他的手段没有施展出来。”

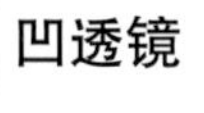

凹透镜

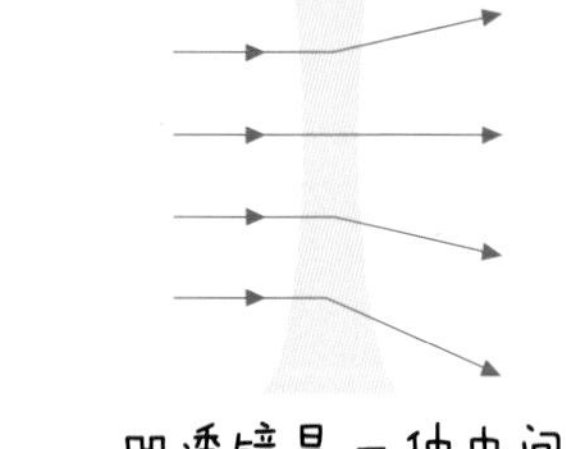

凹透镜是一种中间薄、边缘厚的透镜。

光线在通过凹透镜时会向更厚的地方进行偏折。因此，光线在通过凹透镜时会向边缘方向折射。如果用凹透镜看事物，看到的影像会比实际物体更小，但同时看到的视野范围更广。

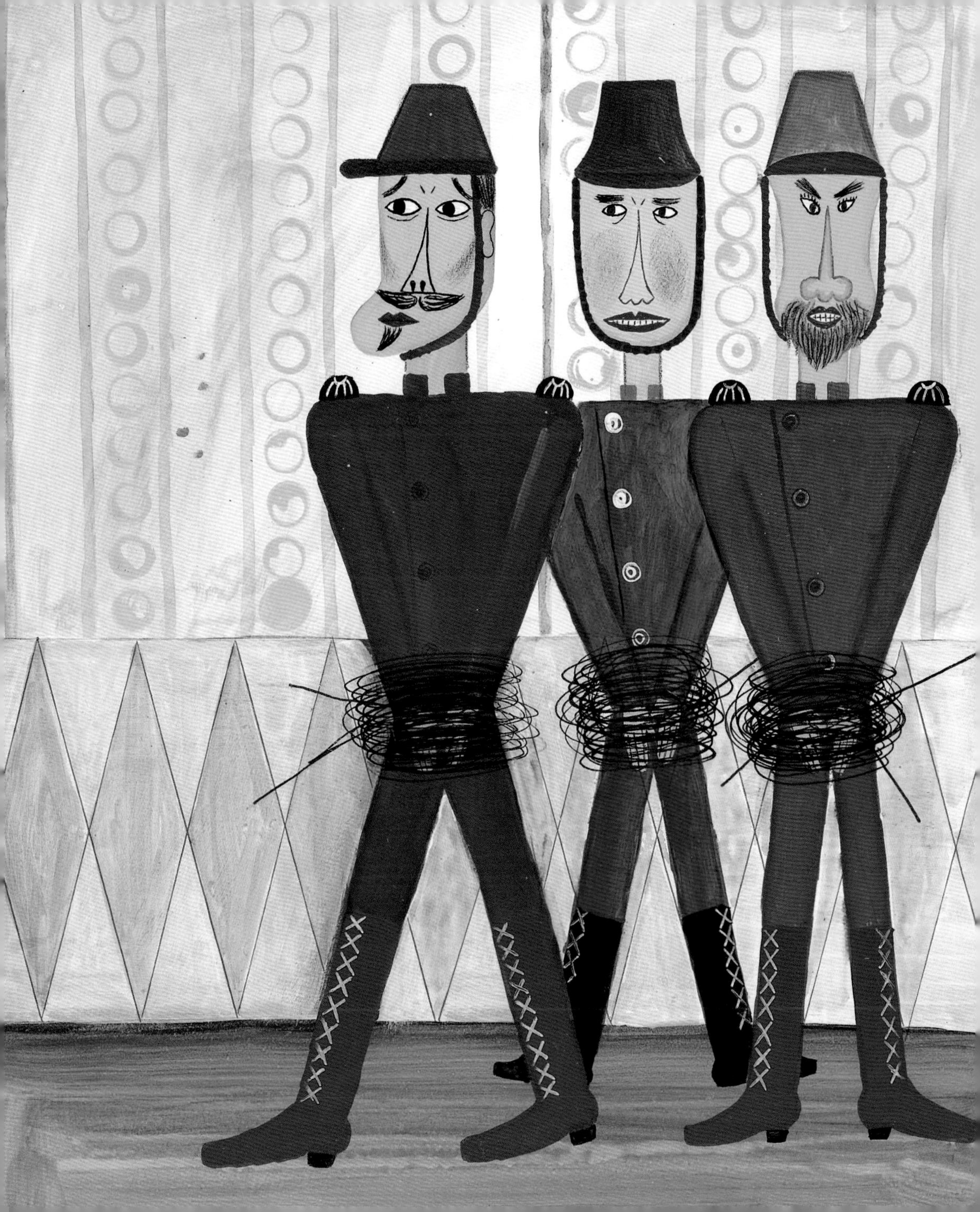

国王和小凹、小凸来到了矮人王国士兵训练的地方。
这时，小凸做了个空翻，飞到了训练场的窗户上。
“国王陛下，请您通过我观看里面的场景。”

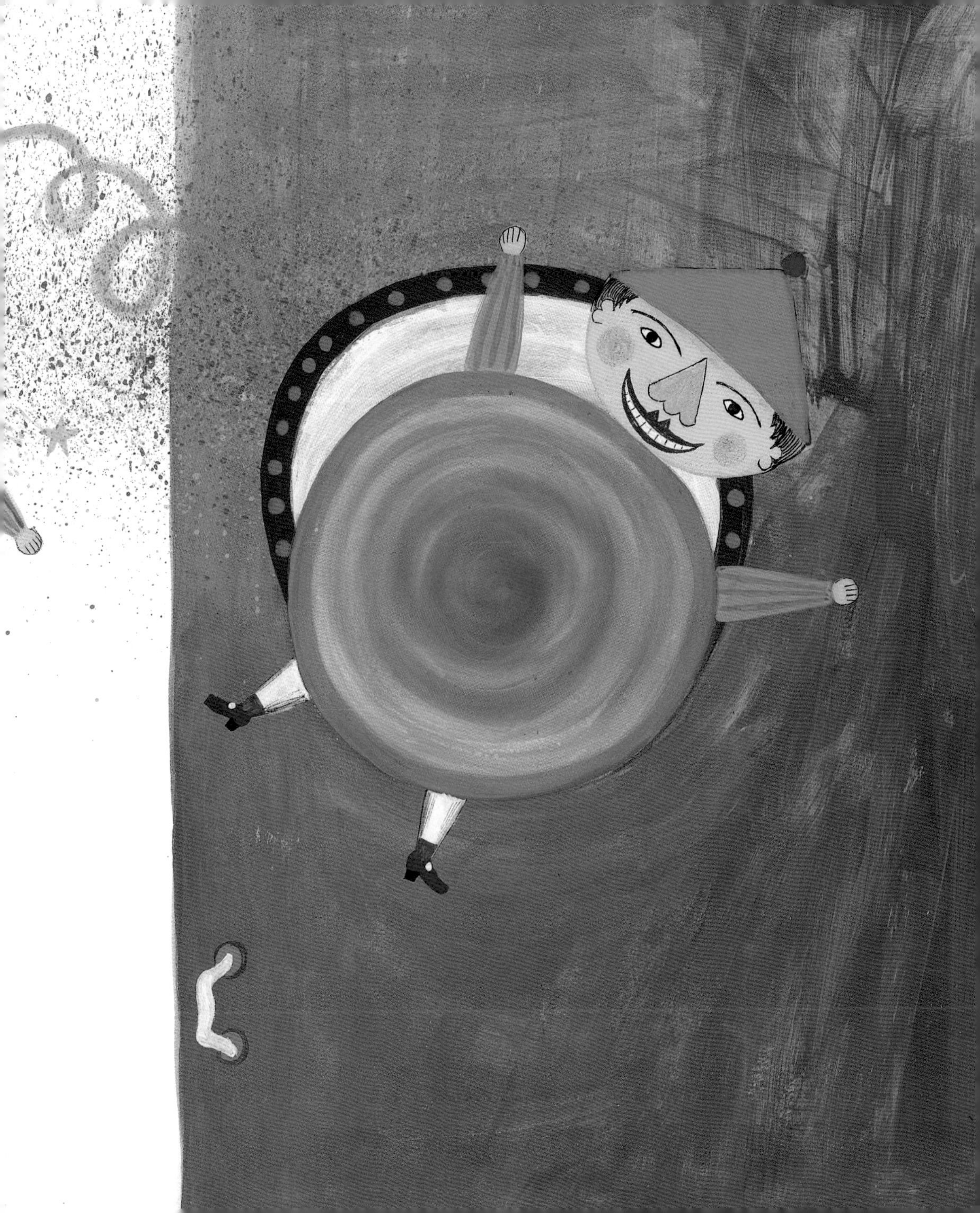

这次，原本矮小的矮人国士兵一下子变得高大威猛。

“我们的士兵里居然还有长得如此高大的？”

“不是的。这只是我的能力。”

“什么？是小凸你的能力？”

国王陛下瞪大着眼睛问道。

“是的。通过我看到的影像会比实际事物更大。”

“如果巨人国的士兵看到这一幕，一定会吓得落荒而逃！”

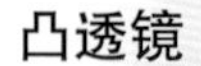

凸透镜与凹透镜正好相反，是一种中间厚、边缘薄的透镜。

用凸透镜看到的事物影像比实际事物要大，但能够看到的视野范围就变得更小。

另外，若是物体和凸透镜的距离太远，我们则会看到物体的倒立影像。

“你们的能力都很出色，但仅凭这些如何能抵挡住巨人国士兵的入侵呢？”

国王垂头丧气地说。

小凹和小凸大声安慰道：

“不用担心。我们肯定有办法击退他们！”

说完，小凸就拿出了一根长筒，然后小凹和小凸分别进入了长筒的两端。

“国王陛下，您用这根长筒看一看窗外。”

小凹和小凸在长筒中喊道。

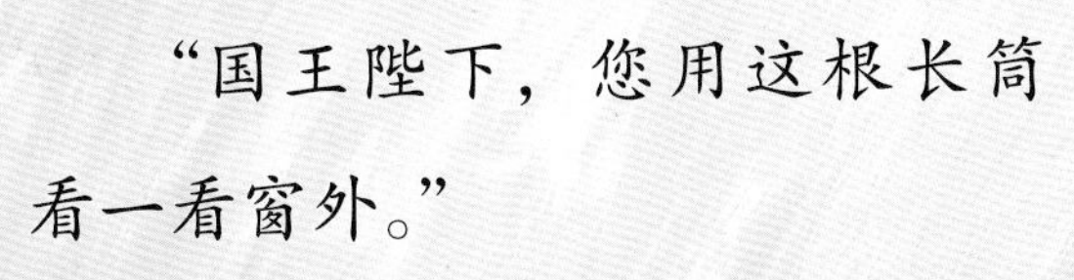

望远镜

望远镜是一种可以观察远距离物体的目视光学仪器。

国王把眼睛凑到小凹和小凸进入的长筒上看了看窗外的场景。

“这个东西居然可以看清远处的物体！”

国王一脸惊奇地开始观察四周。

这时，国王看到了正向矮人国进发的巨人国士兵的身影。

感到焦急的小凹和小凸连忙跳出长筒，一路气喘吁吁地跑到了宫殿的最高处。

到达目的地后，小凸一个空翻飞到了空中，朝着阳光调整了一下身体，然后一动不动地停在那里。

片刻后，巨人国士兵所在的地方突然着了火！

凸透镜具有将光线聚集到一个点上的性质。炽热的阳光被聚集到一个点上，会使被照射的物质达到很高的温度，从而被点燃。

“天啊，你是如何点着火的？”

“那是因为我可以将光线聚集到一个点上。”

听了小凸的话，国王连连点头说：“你们真是能力超凡啊！”

最终，巨人国的士兵全都丢盔弃甲，落荒而逃。

小凹和小凸果然如当初说的那样，不费一兵一卒就击退了巨人国的士兵。

国王大喜，分别赐给小凹和小凸一件礼物。

那是一种可以将身体擦得亮晶晶的毛巾。

镜子也分很多种

我们周围常见的镜子都是平面的。

因此，它们会如实地照出我们的影像。

但是你知道镜子也分很多种吗？

除了平面镜子外，镜子里还有凹面镜和凸面镜。

凹面镜和凸面镜的外形与凹透镜和凸透镜很相似，但是它们的特性却截然相反。

因为镜子不同于凹凸透镜会反射光线。

进入凹面镜里的光线不会发散，而是会在反射之后集中到一个点上。

手电筒的灯泡后面就是一面凹面镜。

将凹面镜加到灯泡的后面可以防止灯光发散并将灯光集中到前方。

▼利用凹面镜原理的手电筒

另外，凹面镜中看到的影像要比实际物体更大。

相反，凸面镜跟凸透镜一样都是中间厚、边缘薄的形状。

进入凸面镜的光线在经过反射之后会发散到四周。因此，凸面镜中看到的影像要比实际物体小，却可以看到更广的视角。

为了获得更开阔的视野，一些便利店或超市里也会挂上凸面镜。

◀挂在便利店里的凸面镜

眼镜的镜片属于什么透镜

视力不好的人往往都会戴上眼镜。那么，眼镜的镜片都是同一种类型吗？

看不清远处物体的伙伴们所使用的眼镜镜片是中间薄、边缘厚的凹透镜。

因为凹透镜可以让我们看清远处的物体。

不过，看不清近处物体的爷爷奶奶使用的眼睛镜片则是凸透镜。

因为凸透镜可以放大近处的物体。

自从有了凹透镜和凸透镜以后，视力不好的人也可以看得清物体。

虽然眼镜很方便，但毕竟不如一双健康的眼睛，所以我们还是要注意保护好自己的视力啊。

▼使用凹透镜的镜片

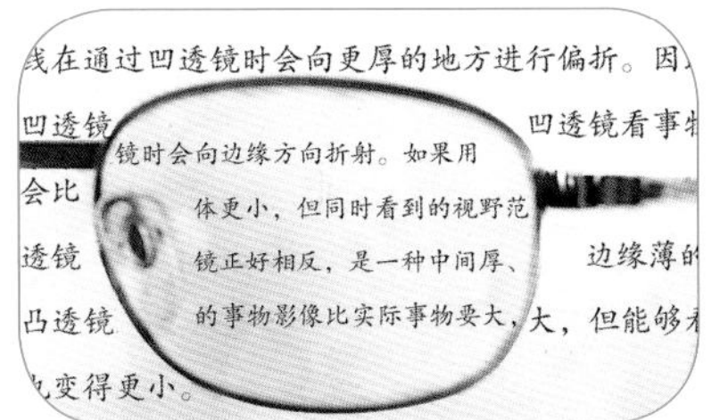

▼使用凸透镜的镜片

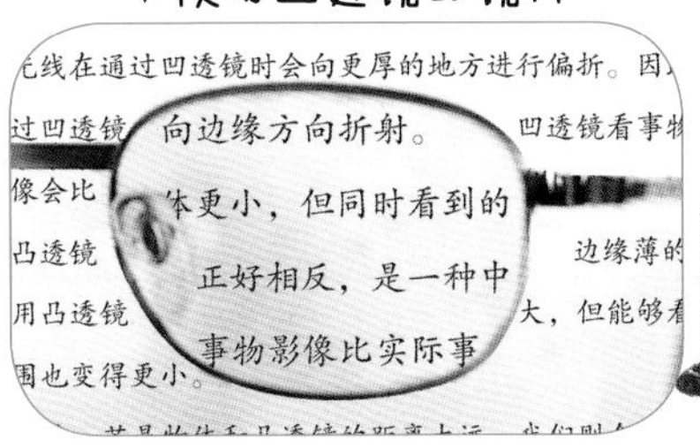

1 矮人国国王为什么事情而担忧？

2 请将下面相对应的内容用直线连接起来。

（1）凹透镜　　　　①看到的物体比实际大，但视野范围小。

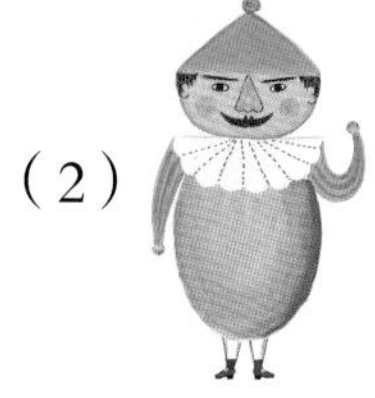

（2）凸透镜　　　　②看到的物体比实际小，但视野范围大。

3 我们的周边有很多镜子。找一找，并说说都有什么？

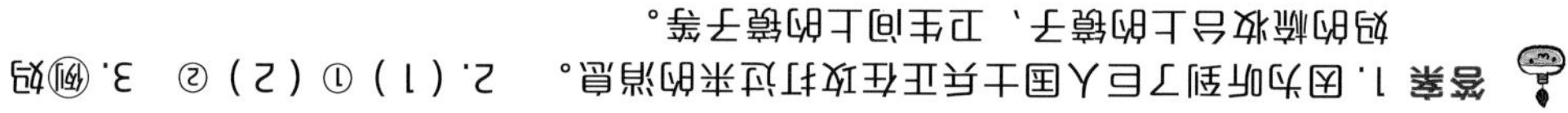